张顺燕/主编　　智慧鸟/绘

数学斗士

冒险日记

冰窟里的秘密

10分钟爱上数学

南京大学出版社

图书在版编目（CIP）数据

冰窟里的秘密 / 张顺燕主编 ; 智慧鸟绘. -- 南京 ：
南京大学出版社，2024.6
（数学巴士. 冒险日记）
ISBN 978-7-305-27560-9

Ⅰ．①冰… Ⅱ．①张… ②智… Ⅲ．①数学—儿童读
物 Ⅳ．①O1 49

中国国家版本馆CIP数据核字(2024)第016004号

出版发行	南京大学出版社		
社　　址	南京市汉口路22号	邮　　编	210093
策　　划	石　磊		

丛 书 名	数学巴士·冒险日记
	BINGKU LI DE MIMI
书　　名	冰窟里的秘密
主　　编	张顺燕
绘　　者	智慧鸟
责任编辑	刘雪莹
印　　刷	徐州绪权印刷有限公司
开　　本	787mm×1092mm　1/12 开　印张 4　字数 100 千
版　　次	2024 年 6 月第 1 版
印　　次	2024 年 6 月第 1 次印刷

ISBN 978-7-305-27560-9
定　　价　28.80 元

网　　址	http://www.njupco.com
官方微博	http://weibo.com/njupco
官方微信号	njupress
销售咨询热线	(025)83594756

数学巴士成员

洁莉

艾妮

多普

玛斯老师

怪博士

麦基

迪娜

玛斯老师：活力四射，充满奇思妙想，经常开着数学巴士带孩子们去冒险，在冒险途中用数学知识解决很多问题，深得孩子们喜爱。

多普：观察力强，聪明好学，从不说多余的话。

迪娜：学习能力强，性格外向，善于思考，总是会抢先回答问题，好胜心强。

麦基：大大咧咧，心地善良，非常热心，关键时候又很胆小。

艾妮：柔弱胆小，被惹急了会手足无措，不停地哭。

洁莉：艾妮最好的朋友，经常安慰艾妮，性格沉稳，关键时刻总是替他人着想。

怪博士：活泼幽默，学识渊博，关键时刻总能帮助大家渡过难关。

数学巴士：一辆神奇的巴士，可以自动驾驶，能变换为直升机模式、潜水艇模式等带着孩子们上天下海，还可以变成徽章模式收纳起来。

今年气候异常温暖，山地里一些平日很难见到的植物开始疯长。玛斯老师和怪博士带领大家前往百草谷山脉，采集几种稀有的植物样本。

认识方位

我们所用的地图，方向为上北、下南、左西、右东。

没有地图和指南针等辨别方位的工具时，我们可以利用太阳、北极星等自然事物来判断。比如早上起来面向太阳时，前面是东，后面是西，左面是北，右面是南。

几大方位东对西，南对北。东、北之间是东北方向，东、南之间是东南方向，西、北之间是西北方向，西、南之间是西南方向。

数学巴士停在了一座小山坡前，也就是求救信号发出的地方。

耳朵也许会出错，但巴士不会。

有人在这里吗？

没人呀！是不是我们听错了？

掌握方位

1. 按要求画一画。

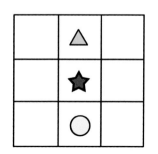

（1）□ 在 ★ 的东南面；

（2）□ 在 ★ 的东北面；

（3）▱ 在 ★ 的西南面；

2. 想一想，填一填。

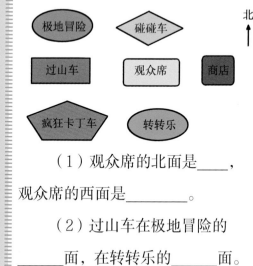

（1）观众席的北面是____，观众席的西面是_____。

（2）过山车在极地冒险的____面，在转转乐的____面。

放大镜能放大角的度数吗

　　角的大小取决于两条边张开的程度，两条边张开得越大，角就越大，反之越小，与两条边的长短没有关系。

　　放大镜虽然能放大物体，却改变不了物体的形状和相对位置。因此，构成角的两条边在放大镜下看，相对位置不变，它们张开的角度也不变，所以角原来是多大，在放大镜下还是多大，也就是说放大镜并不会放大角的度数。

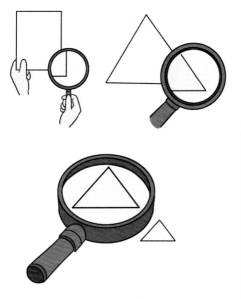

这是……

怪博士，您能看清里面冷冻的是什么吗？

怪博士快步走到玛斯老师所在的冰柱前，举起放大镜仔细查看着，脸色变得很难看。玛斯老师的神情也变得特别严肃。

啊！

呀！

哎哟！冰柱里是什么可怕的东西呀？把怪博士吓成这样！

①病毒：在现实中，病毒是比病菌更小的病原体，多用电子显微镜才能看见，用普通放大镜是看不见的。

病毒不是特别小吗？为什么用放大镜，甚至用眼睛直接就能看到？

别管这些了，我们赶紧走吧。这个冰窟好古怪，我不要待在这儿了！

就在此时，一个孩童般的声音在我们身后响起，吓了我们一大跳。

欢迎来到病毒微观世界。

我是智能狗点点，需要你们的帮助。

你是那个发求救信号的外星人？不，外星狗？

点点讲起事情的原委。原来，冰窟是科研机构的病毒样本储存库，这里的磁场经过了特殊处理。

除了病毒，进入这里的一切东西都会按照比例缩小。

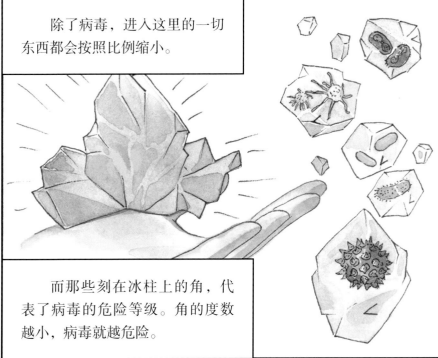

而那些刻在冰柱上的角，代表了病毒的危险等级。角的度数越小，病毒就越危险。

原来如此。那你现在遇到了什么麻烦？

点点解释说，因为今年地热活动异常，病毒库的控制系统出现了故障。如果不能及时开启备用电源，重启控制系统，保持冰窟的低温环境，被冰冻储存的病毒就会苏醒。

你不是智能狗吗，怎么不自己启动备用电源呀？

我和控制系统紧密相连，它出故障后我的大部分功能也失控了。

绝不能让病毒传播出去！否则，地球上将病毒横行，后果不堪设想。

病毒库地图

1号病毒室

2号病毒室

控制室

病毒库是由一个个独立而又相互连通的病毒室组成，而控制系统和备用电源都在控制室里。

迪娜拿出卷尺，她和洁莉一起测量1号病毒室到控制室两点之间的距离。测量后得出的结果是1.5米，而地图比实际距离缩小了100倍。

测量距离

爸爸妈妈带小朋友们开车外出时，一定使用过电子地图导航吧？通过它，我们提前知道出发地和目的地间的距离，预测到达的时间，非常方便。

如果让你带领小朋友参观某地，你会怎么利用地图呢？

首先标出你所处的位置及目的地的位置，再用尺子测量出两点之间的距离，然后根据地图上的比例，计算出两地之间的实际距离。

点点，你怎么了？

病毒随时可能复活，时间……不多了。

最短路线

　　要寻找两点之间最短的路线，就要先确定终点，判断它在起点的什么位置，找准大方向。比如控制室在1号病毒室的西南面。最短路线是否只有一条呢？起点和终点虽然相同，但最短路线可能不止一条。

最短路线1
（红色）

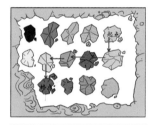

最短路线2
（蓝色）

最短路线3
（绿色）

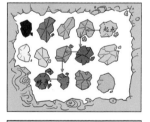

最短路线4
（紫色）

点点倒在地上，艾妮和洁莉红了眼眶。病毒室里的温度还在不断上升，有些冰柱已经开始融化，"吧嗒吧嗒"的滴水声不断传来。

按照迪娜之前提议的最短线路，数学巴士畅通无阻，顺利通过了三个病毒室，进入第四个病毒室，也就是2号病毒室。在巴士灯光的照射下，我们看清了里面的场景，全都愣住了。

受磁场干扰，数学巴士无法变形为徽章模式，玛斯老师留在巴士旁想办法，怪博士则带着我们进入蜂巢迷宫，寻找出去的通道。

每个格子都有6扇门，到底该往哪里走呢？

6扇门有的能打开，有的却被锁住了。

大家跟着我，别走散了。

蜂巢的秘密

蜂巢是蜜蜂的家，里面的每间蜂房都是正六边形，它们整齐有序地排列着。

像蜂巢这样由正六边形排列而成的结构，就叫蜂巢结构。由于它非常牢固，而且进行无缝拼接时搭建出来的空间最大、用料最少，因此经常被用在航天器和建筑设计上。

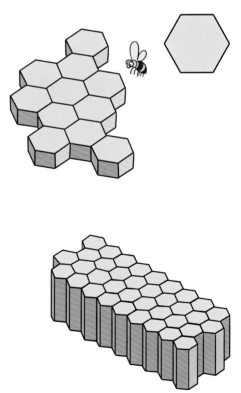

迪娜、艾妮和多普一起忙碌起来。当多普走到一个地点的时候，一直蹲在地上测量角度的迪娜喊"立定"。

从艾妮站的点，到多普站的这个点的距离20米，大约就是河流的宽度。

河的宽度20米

巧测河流宽度

一个量角器就能测量出河流的宽度。听起来是不是很神奇？

在河对岸找一个显眼的物体，比如大树、木桩。然后在你所在的河岸这边正对它与河流垂直的地方做一个标记。为什么要与河流垂直呢？因为这样做出的标记和大树或者木桩的连线，跟河岸形成的角是直角。

接下来从标记处沿着河岸走，找到一个能用量角器测量出河岸与河对岸物体的夹角是45°的位置，河流的宽度就约等于你沿着河岸从标记处开始走到这里的距离。

怪博士、洁莉、麦基三人在蜂巢迷宫里发现一个开关。

啊!

哎呀!

我们这是到冰窟外面了?

太好了!

哐当!

其余的地砖都是平行的，只有这块不一样，一定有问题。

咚咚咚！

"吧嗒"一声脆响，地面露出一个洞口和一截通往下面的楼梯。

找到出口了！怪博士有救了！

不平行视错觉

有时候当平行线受到干扰时，会产生不平行的错觉。

如下图，乍一看这些横线是凌乱的，实际上它们是平行的，因为很多错落的竖方块，让我们的眼睛产生了错觉，所以眼见不一定为实。

再比如麦基看到的"歪歪扭扭"的地砖，是一种视错觉，那些黑白方块交错的几何图形，让我们的眼睛把原本水平的分界线看成倾斜的了。

多普顺利游过宽度约20米的暗河，划着小船接上迪娜和艾妮。他们渡过暗河刚上岸，却被一道悬崖挡住了去路。悬崖边立着一座大石头，旁边有一座收起来的吊桥。

这么深！我们怎么过去啊？

我找找吊桥的机关。咦？你们有没有听到什么动静？

三人朝着暗河方向狂奔。

快往回跑！

没路了。

蝙蝠怕光，快用防护面罩上的探照灯对准它们！

有趣的对称

在自然界中，蝴蝶身体的两侧大小和形状相同，飞翔时两片翅膀还可以完全重叠在一起，这样的现象就是对称。中间的那条线就是对称轴，如果位于对称轴两边的图形，大小和形状完全一样，当沿着对称轴对折，这两部分可以完全重合，那么这个图形就是轴对称图形。

判断一个图形是不是轴对称最常用的妙招就是给它画对称轴。

一个轴对称图形，可能有多条对称轴。

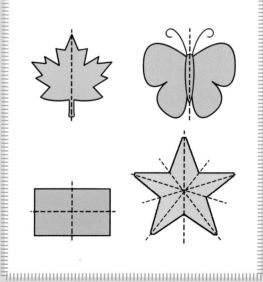

　　艾妮害怕得闭上眼睛、浑身发抖。同伴们小心地拉着她一起走上吊桥，来到了悬崖的另一边。这是一个山洞，看起来不止一个出入口。

那边有声音，不会是吸血蝙蝠跟来了吧？

啊？！

咦？！

艾妮！

洁莉！

洁莉，我差点儿就见不到你了。

好啦好啦，还有正事要做呢！爱哭鬼。

逃出蜂巢迷宫后，怪博士修好了面罩，大家相聚在一起。

我记得点点提供的平面图里，控制室就紧挨着山洞。可门的钥匙在哪儿呢？

山洞　控制室

一些病毒已经到了苏醒的临界值。如果10分钟内备用电源还未开启……

你们就会成为病毒第一批攻击的对象……

点点，开启控制室的钥匙在哪儿？

声音突然中断，无论我们怎么喊也没有一点儿回应，大家急得团团转。

钥匙到底在哪儿呀？

玛斯老师来了！

我都听到了。情况危急，怪博士，你带孩子们先撤离。

你得负责开巴士。我留下找钥匙，你带着他们立刻离开，再晚就走不了了。

我们要留下帮忙。

平移和旋转

当一个物体沿某个直线方向运动时，属于平移，它自身的方向不会发生改变，比如推拉门。而当物体围绕着一个点或一个轴旋转时，它自身的方向也会相应发生改变，比如车上的方向盘。

故事中提到的钥匙也是通过旋转打开锁的。

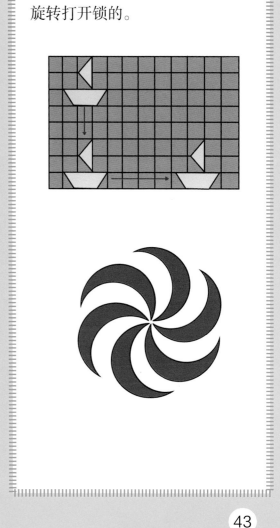

44

张顺燕，北京大学数学科学学院教授，主要研究方向：数学文化、数学史、数学方法。

1962 年毕业于北京大学数学力学系，并留校任教。

主要科研成果及著作：

发表学术论文 30 多篇，曾获得国家教委科技进步三等奖。

《数学的思想、方法和应用》

《数学的美与理》

《数学的源与流》

《微积分的方法和应用》

小数学家训练营

1.掌握方位

当你把闹钟的正面朝上放在桌子上，用数字12正对着东方时，正对北方的数字是几？数字4对着什么方位？

2.测量距离

下面是一张地图，三角形是起点位置，五角星是目的地的位置。如果这张地图上的1厘米相当于实际距离50米，那这两个地方相距多远？

3.最短路线

位于A处的小狗听到从C处传来的主人的呼唤声，它想在最短的时间内跑到主人身边，你能帮它选择一条从A处跑到C处的最短路线吗？

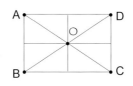

4.巧测河流宽度

你和伙伴路过一条河，如果此时你手里只有一个角是45°的直角三角尺，如何测出河流的宽度呢？

5.不平行视错觉

下图由左下方向右上方延伸的黄色和黑色的线条中，哪些不是平行线？

6.有趣的对称

下面两个图形中有没有轴对称图形？

① ②

7. 平移

把图中的小星星先向右平移三个方格，再向下平移二个方格，最后再向左平移六个方格，现在它的位置位于哪里？把它在图中画出来。

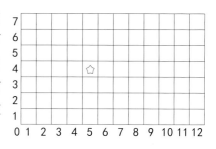

8. 平移和旋转

下面三个图形中，哪个图形既可经过平移，又可经过旋转，由图形①得到图形②？

图一   图二   图三

参考答案

1.答案：正对北方的数字是9，数字4对着西南方。
2.答案：用直尺测量出三角形至五角星的距离为3厘米，地图上1厘米对应的实际距离50米，那么两地实际相距3×50=150（米）。
3.答案：最短路线是A-O-C。
4.答案：如下图所示：

5.答案：它们都是平行线。之所以看起来不平行，是因为那些短线段的"捣乱"而造成的视错觉。
6.答案：图②是轴对称图形。
7.答案：位于第2行第2列的方格里。
8.答案：图一、图二只能通过旋转，由图形①得到图形②；只有图三既可经过平移，又可经过旋转由图形①得到图形②。

第9页

1.答案：

2.答案：
（1）观众席的北面是<u>碰碰车</u>，观众席的西面是<u>过山车</u>。
（2）过山车在极地冒险的<u>南</u>面，在转转乐的<u>西北</u>面。